上海迪士尼综合水处理厂
氨氮降解技术研究及应用

何文章　著

中国原子能出版社

图书在版编目 (CIP) 数据

上海迪士尼综合水处理厂氨氮降解技术研究及应用 /
何文章著 . -- 北京 : 中国原子能出版社 , 2019.1 （2021.9 重印）
ISBN 978-7-5022-9661-2

Ⅰ . ①上… Ⅱ . ①何… Ⅲ . ①含氨废水—废水处理—
技术方法—研究—上海②含氨废水—废水处理—技术方法
—研究—上海 Ⅳ . ① X703.1

中国版本图书馆 CIP 数据核字 (2019) 第 026834 号

上海迪士尼综合水处理厂氨氮降解技术研究及应用

出版发行	中国原子能出版社 (北京市海淀区阜成路 43 号 100048)
责任编辑	孙凤春
责任印刷	潘玉玲
印　　刷	三河市南阳印刷有限公司
经　　销	全国新华书店
开　　本	787 毫米 × 1092 毫米　1/16
印　　张	6.25
字　　数	43 千字
版　　次	2019 年 1 月第 1 版
印　　次	2021 年 9 月第 2 次印刷
标准书号	ISBN 978-7-5022-9661-2
定　　价	48.00 元

网址 :http//www.aep.com.cn　　　E-mail:atomep123@126.com

发行电话 :010 68452845　　　　　版权所有　翻印必究

作者简介

何文章，男，山西朔州人，现就职于长江勘测规划设计研究有限责任公司上海分公司，长期从事市政水处理行业设计，参与的项目有天津大港 10 万吨／日海水淡化工程、上海国际旅游度假区核心区湖水环境维护及公共绿化灌溉水系统工程、博罗县村村通自来水工程等，其中参与的上海国际旅游度假区核心区湖水环境维护及公共绿化灌溉水系统工程获得了全国优秀工程勘察设计行业奖优秀市政公用工程给排水（含固废）一等奖。

前　言

随着我国城镇化不断发展、人民生活水平不断提高及经济规模的扩大，我国很多地区水体污染已很严重，部分城市的水源不但不能满足饮用水水源地水质要求，而且也达不到景观水水质标准，其中主要污染物之一是氨氮，为了使仅有的水源满足生活饮用水水源水质以及景观水质要求，必须降低氨氮的含量。

本书对上海迪士尼中心湖外围水系氨氮指标深入研究，通过长达一年的中试实验，在传统氨氮降解工艺的基础上，筛选出最优的氨氮降解工艺，进行了创新性的设计，在节能减排、减少二次污染方面进行了优化设计，为全国类似的微污染水源氨氮降解提供详实的案例设计。

编者

二零一八年十一月

目　录

1 绪 论

1.1 有关背景

随着迪士尼项目落户上海，上海国际旅游度假区成为中国大陆第一个、全球第六个迪士尼度假区。根据《上海国际旅游度假区核心区控制性详细规划》中的水系规划，中心湖泊是项目核心区水系重要组成部分，位于核心区的中偏南部，也是园区重要的地表水景之一，除了可以形成"碧水蓝天"的景观效果外，还是观景、休闲的重要载体。

根据水系规划中心湖泊面积为 $0.39\ km^2$，周长约 $5\ km$，呈东西向长，南北向短的不规则形状，其东西向最长水平距离约 $1\ km$，南北向最长垂直距离近 $560\ m$。其形状如图 1-1 所示。

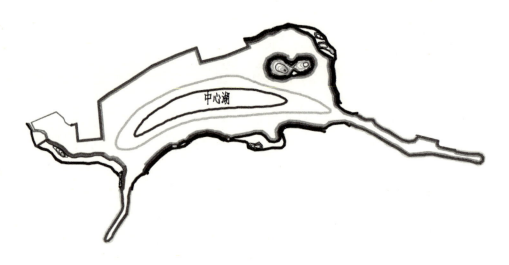

图 1-1 迪士尼中心湖形状图

该湖为人工开挖，建成后注水，中心湖泊不接纳地面雨水径流，禁止垂钓、游泳，不考虑人体直接接触，湖泊污染源主要来自降雨、人类活动及补充水。由于湖泊成型后为封闭水体，如果没有合适的水质维护措施，湖水水质将可能变坏，诸如出现藻类爆发等不利现象。根据相关研究，最适合水中藻类繁殖的氮、磷比是 16 ：1。从我国的景观环境用水水质标准上看，NH3-N ≤ 5 mg/L，TP ≤ 0.5 mg/L。而在前期中美双方技术人员对湖水水质的保持研究中，参照了目前美国迪士尼乐园湖水水质标准，最终确定湖水设计水质中的重要指标 NH_3-N ≤ 0.5 mg/L，TP=0.01 ～ 0.02 mg/L（氮磷比为 25 ：1），显然，本项目给出湖水水质指标要求是相当高的，该两项指标已达到 I 类水质标准（I 类水 NH_3-N $\leqslant$ 0.5 mg/L，TP $\leqslant$ 0.02 mg/L）。虽然自来水是最洁净的水源，但根据国家规范，景观水体用水（包括补充水）不得采用自来水。因此最终确定中心湖水源取自周边围场河，围场河的水系与周边自然河网连通，水质为劣 V 类水，不满足中心湖水质要求。因此必须建设一套完整的湖水循环处理系统，确保对湖泊的水质维护。湖水循环处理系统设在中心湖东南侧，工程名称为综合水处理厂，其工艺流程为：氨氮降解系统＋除磷系统＋消毒系统。本书主要是针对氨氮降解系统进行技术研究，并且在研究的基础上进行工程设计应用，致使上海迪士尼围场河劣 V 类水体经过处理后，氨氮指标达到美方要求。

1.2 研究工作和技术路线

由于上海迪士尼中心湖水质要求较高，必须对来自围场河的劣 V 类水进行氨氮降解以及除磷。除磷工艺采用常规的混凝沉淀过滤，在本书中不进行研究论述，本书主要是针对氨氮降解工艺进行研究，并提出创新设计。

目前氨氮的处理工艺很多，主要分为化学法和生物法两大类。常用的化学法是折点加氯法，通过加氯气等氧化剂，将氨氮氧化成氮气。该方法虽然运行简单、有效可靠，但其运行费用高，特别是副产物氯胺和氯化有机物会造成二次污染，因此，迪士尼前期方案论证时不建议采用。生物法主要分为活性污泥法和生物膜法两大类：活性污泥法主要应用于污水厂高污染物的污废水；生物膜法既可以处理高污染物的污废水（主要工艺有生物转盘、生物流化床等），也可以处理微污染源水（主要工艺有悬浮滤料生物接触池、颗粒滤料生物滤池等）。其处理原理是：人工创造充氧和强化好氧微生物密集繁殖滋生的条件，当微污染源水进入生物处理构筑物时，在足够的充氧条件下，与附着生长在滤料表面的生物膜不断接触，通过微生物的生命代谢作用—氧化、还原、合成、分解等过程，以及微生物的生物絮凝、吸附、氧化、硝化和生物降解等作用，使水中氨氮逐步得到降解。

悬浮滤料生物接触池是一种应用较广的生物降解氨氮处理工艺，构造如图 1-2 所示。

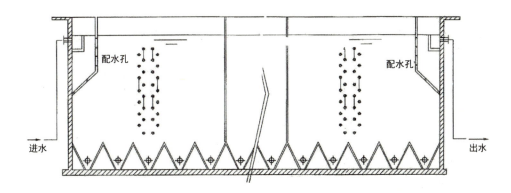

图 1-2 悬浮滤料生物接触池构造图

(1)微污染水通过进水管进入配水室，然后通过配水孔均匀进入悬浮滤料生物接触池内。

(2)池内填装塑料滤料，滤料一般以改性聚丙烯为原料，由数十片叶片通过环状连接组合成合理球状结构，如图1-3、图1-4所示。悬浮滤料技术参数见表1-1。

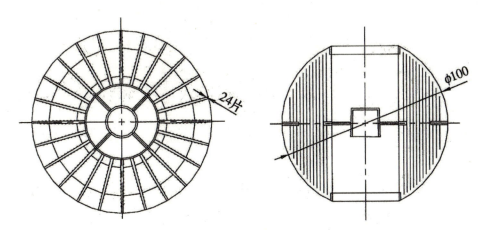

图 1-3 悬浮滤料示意图

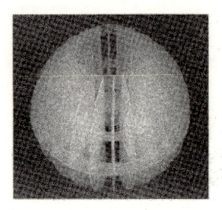

挂膜前悬浮滤料　　　　　　　　挂膜后悬浮滤料

图 1-4　悬浮滤料挂膜前后图

表 1-1　悬浮滤料技术参数

填料规格	外形尺寸 /mm	填料表面积 /（m²/只）	比表面积 /（m²/m³）	空隙率 /%	排列个数 /（个/m³）	排列重量 /（kg/m³）	材质	技术特点
LT50	φ50	0.018	144	97	8 000	71	改性塑料	根据不同气水比要求有不同的比重
LT100	φ100	0.106	106	98	1 000	50	改性塑料	

　　悬浮滤料表面经过特殊处理，增加了表面粗糙度和亲水性能，利于生物膜的附着性。刚投入的滤料由于比重轻浮于水面，运行一段时间后，滤料表面附着生物膜，比重接近于水，悬浮在水中，在充足的曝气量对水体扰动的影响下处于流化状态，滤料经自然接种后，在水温适宜，溶解氧充分条件下，微生物得以迅速繁殖。

滤料表面会慢慢附着大量的生物膜，对水中的污染物氧化、还原、合成、分解等，处理后的水经过配水孔、出水堰然后流至下游工艺段。

(3)在生物池底部布置穿孔布气管，为悬浮滤料附着的生物膜充氧曝气。

(4)悬浮滤料生物池运行一段时间后，脱落的生物膜沉降于池底，需要定期进行排泥。

悬浮滤料生物池一般情况下氨氮的去除率可以达到 70% 以上，但具有如下缺点。

(1)由于进水采用推流式，混合效果不佳，在池前段由于污染物浓度高，可能出现耗氧速率高于供氧速率，从而出现溶解氧过低的现象；池后段又可能反过来，从而出现溶解氧过剩的现象。另外，为了保证在水流方向不产生短流，长度宜长一点，同时池深与造价及曝气动力费用密切相关，池深大，氧利用效率高，但造价与动力费高。反之，池深浅，造价和动力费低，但氧利用率也低，相对颗粒滤料生物滤池，占地面积大。

(2)滤料生物膜老化后只能自行脱落，水流、气流对老化的生物膜冲刷力较小，膜的更新能力较差。

(3)底部容易积泥，需要定时清洗。

(4)悬浮滤料孔隙率较低，比表面积较小，生长的生物膜有限。

颗粒滤料生物滤池（也称普通曝气生物滤池）与砂滤池类似，与砂滤池的主要差异是滤料改为适合生物生长的颗粒滤料以及增加了充氧用的布气系统。普通曝气生物滤池的运行既可以采取上向流也可以采用下向流方式，具体的基本布置如图1-5所示。

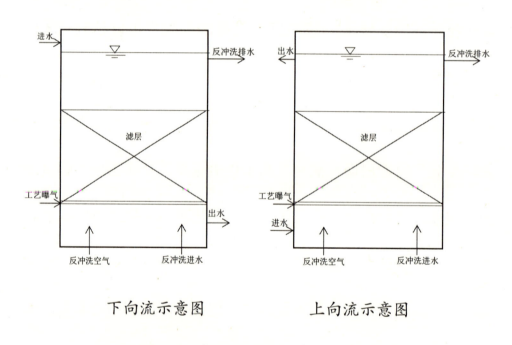

下向流示意图　　　　　上向流示意图

图1-5 普通曝气生物滤池示意图

普通曝气生物滤池系统上向流相对于下向流具有不易堵塞、冲洗简便、出水水质更好的优点，因此在本书中，主要以上向流进行论证描述。

（1）上向流普通曝气生物滤池系统进水与反冲洗水的分布由同一配水管系完成，该管系位于滤池底部。微污染水从滤池底部进入，然后通过配水系统进入滤层（滤料层），与滤料完全混合。

（2）普通曝气生物滤池选用颗粒滤料，一般要求为粒径适宜、表面粗糙的惰性材料，这种滤料有利于微生物的接种挂膜和生长繁殖，保持较多的生物量；同时要求滤料有足够的机械强度，以免在冲洗过程中气和水对颗粒冲刷磨损或破碎，并且要求具有化学稳定性，以免滤料在运行过程中，发生有害物质溶解于水的现象。一般材质为陶粒、砂子、沸石和麦饭石等。

（3）当微污染水在上升过程中与滤料完全混合，曝气系统为附着于滤料上的生物膜供氧，生物膜形成后对水中的污染物氧化、还原、合成、分解。

（4）当普通曝气生物滤池运行一段时间后，附着于滤料上的生物膜逐渐老化，需要进行反冲洗。反冲洗方式采用气水冲洗，一般情况下先单水冲洗，然后气水联洗，最后再单水冲洗。

普通曝气生物滤池相对于悬浮滤料生物池具有占地面积小，

进水采用完全混合式，混合效果好等特点，但普通曝气生物池采用比重大的惰性滤料，运行能耗较高，同时需要定期水反冲洗，增加二次污染。

上海迪士尼综合水处理厂氨氮降解技术的研究路线就是在普通曝气生物滤池的基础上进行开发，吸取其优点，在满足工艺要求的前提下，针对其主要缺点进行创新设计。

1.3 研发过程

上海迪士尼综合水处理厂氨氮降解技术研究是在普通曝气生物滤池的基础上进行研究开发，于 2010 年 10 月至 2011 年 12 月针对迪士尼现场水系进行中试实验，中试实验设计规模 3 m^3/h。在为期一年的中试实验里，对惰性滤料和塑料滤料进行了实验对比，对不同进水流量工况下的氨氮去除率进行了实验运行，对不同气水比工况下的氨氮去除率进行了实验对比，从而在普通曝气生物滤池的基础上提出一套创新的氨氮降解工艺，为工程设计应用取得了保贵的实验数据。

1.4 研究意义

随着人口的增长及经济规模的扩大，我国很多地区水体污染已很严重，部分城市的水源不但不能满足饮用水水源地水质要求，而且也达不到景观水水质标准，其中主要污染物之一是氨氮，为了使仅有的水源满足生活饮用水水源水质以及景观水质要求，必须降低氨氮的含量。为避免二次污染，目前主要是采用生物处理法降低氨氮含量，常用方法是悬浮滤料生物接触氧化池及曝气生物滤池等。悬浮滤料生物接触池的缺点：①进水从池壁一侧进入，属于推流式，与悬浮滤料的混合性较差；②滤料生物膜老化后只能自行脱落，水流、气流对老化的生物膜冲刷力较小，膜的更新能力较差；③底部容易积泥，需要定时清洗；④悬浮滤料孔隙率较低，比表面积较小，生长的生物膜有限；⑤处理效率较低，用于微污染水源的水厂除氨氮工艺占地较大。普通曝气生物滤池的缺点：①滤料采用比重大于水的惰性材料，运行时水头损失较大，进水泵能耗较高；②滤料截留SS较多，增加了滤池中的污泥含量；③必须采用气水交替反冲洗，才能保持生物膜活性，防止滤料堵塞，操作难度较大，操作技术要求较高；④需要考虑对反冲洗系统的排水进行处理。本书的研究意义就是针对于上述两种常规氨氮处理工艺的缺点，在普通曝气生物滤池的基础上进行改进、创新，提出一套创新的氨氮降解技术—改进型曝气生物滤池（BAF系统）。

2 中试实验研究

2.1 概 述

上海迪士尼中心湖泊的源水为周边围场河河水，由于近几年来，浦东新区进行了大规模的河道治理，围场河河水属于微污染水源。中心湖泊取水氨氮和总磷是本系统最主要的目标去除物。前期与迪士尼美方专家进行多次方案论证，最后确定采用普通曝气生物滤池来降解氨氮，但需要进行长时间的中试实验，通过中试实验为后期工程设计提供参考数据。中试实验按等比例缩小的水处理中心工艺方案设计，通过中试实验验证该工艺的可行性、可靠性、稳定性，同时为工程设计提供技术参数，具体目的如下。

(1)了解低温天气对生物处理效果的影响，获取应对特殊天气的措施。

(2)确定普通曝气生物滤池的最佳气水比，提供最佳设计参数，并且在试验的过程中通过改善原有的工艺细节，发现创新点，以更好地适应工程应用。

中试实验的设计规模为 3 m^3/h，实验时间为 2010 年 10 月至 2011 年 12 月，工艺流程为：普通曝气生物滤池 + 混凝沉淀过滤设备 + 人工湿地，由于混凝沉淀过滤设备和人工湿地主要是为了除磷，在本书中不进行研究说明，本书只针对氨氮降解工艺普通曝气生物滤池系统进行技术说明。2010 年 10 月至 2011 年 3 月普通曝气生物滤池采用陶粒滤料进行第 I 阶段实验，2011 年 9 月至 2011 年 12 月普通曝气生物滤池采用塑料滤料进行第 II 阶段实验。

2.2 第 I 阶段中试实验

2.2.1 设计参数及相关图纸照片

(1)设计参数

设计流量：3 m^3/h

滤料：陶粒滤料，粒径 3~5 mm

滤料层厚度：2.4 m

滤速：5 m/h

气水比：3 ：1

气水反冲周期：72 h

单水反冲洗强度：15 L/(m^2·s)

气水联洗：水反冲强度 5 L/(m^2·s)，气反冲强度 15 L/(m^2·s)

(2) 设计图纸及现场图片

设计图纸及现场图片如图 2-1 至图 2-3 所示。

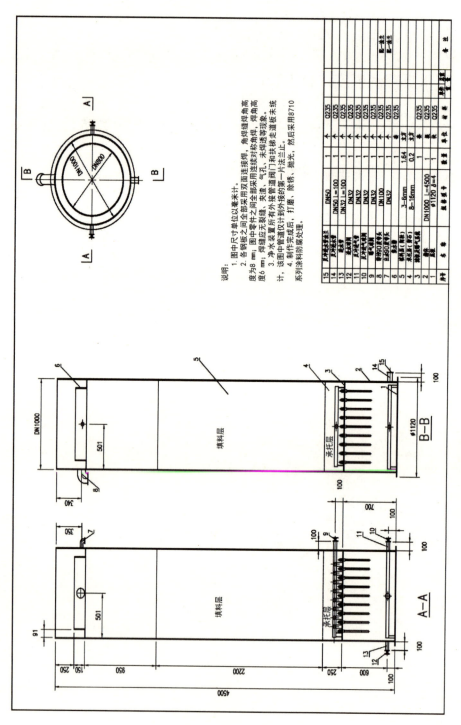

图 2-1　普通曝气生物滤池设备制作图

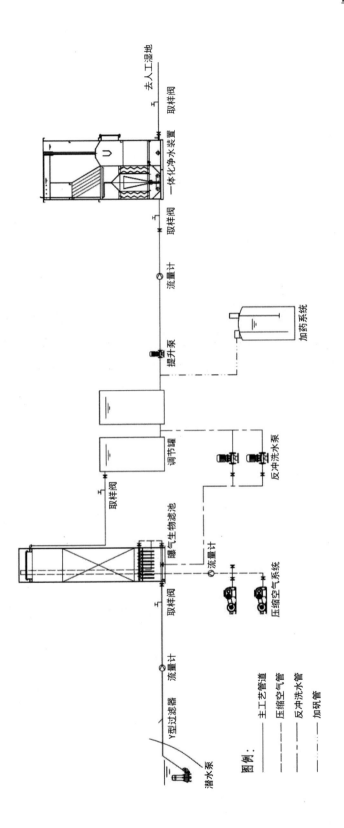

图 2-2 第Ⅰ阶段中试实验工艺流程图

BAF 实验现场图片　　　　　　BAF 实验出水取样

图 2-3 第 I 阶段中试现场图片

2.2.2 第 I 阶段实验过程

(1)选址

2010 年 9 月中试实验项目选址，经过多次现场踏勘，最后选址为黄赵路靠近沙陀浜处，如图 2-4 所示。

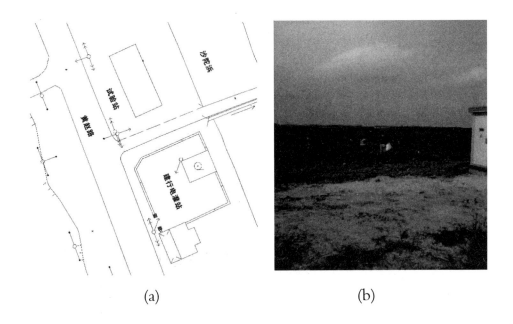

(a)　　　　　　　　　(b)

图 2-4　中试实验现场位置图

(a) 中试实验位置图；(b) 中试实验现场图

(2)启动挂膜

迪士尼中心湖泊水处理工程第 I 阶段中试实验，于 2010 年
10 月 17 日进场安装，2010 年 10 月 31 日安装完毕，2010 年 11
月 1 日开始进水运行，进水流量 5 m³/h，气水比 5∶1，普通曝
气生物滤池开始自然挂膜。2010 年 11 月 19 日取样在浙江工业
大学进行挂膜效果检测，BAF 取样时间上午 9∶30，检测数据见
表 2-1。

表 2-1　挂膜效果监测结果

项目	河水	生物滤池水	单位	
浊度	14.8	176	NTU	
pH	7.68	8.51	—	
氨氮	1	0.74	mg/L	
亚硝酸盐	0.06	0.02	mg/L	
硝酸盐氨	0.2	0.7	mg/L	
总氮	2.74	3.42	mg/L	
正 P	0.03	0.16	mg/L	
TOC	37.88	38.12	mg/L	
COD_{Mn}	8.32	8.76	mg/L	注：此数据还未减去蒸馏水空白样植
BOD_s	—	—	mg/L	注：正在测，需 5 天后才获得

　　同时取河底泥进行显微镜下观察，看是否有活性微生物，图

2-5 为放大 40 倍后河水底泥的图片，未发现活性微生物。

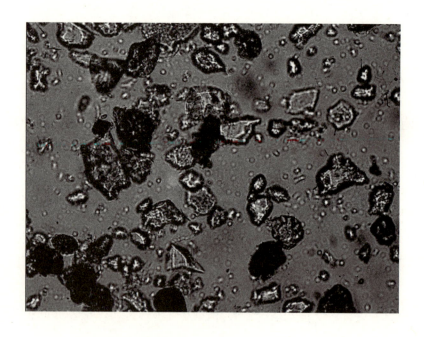

图 2-5　河水底泥放大 40 倍图片

由于自然挂膜效果欠佳，并且河水底泥活性微生物较少，故2010 年 11 月 21 日在浙江工业大学实验室取活性污泥进行接种挂膜。接种挂膜方法如下：2010 年 11 月 22 日上午 8 点，把普通曝气生物滤池内水放空，活性污泥用桶稀释后直接倒入滤料表面，然后开始进水，水面上升至滤料表面 0.1 m 时，停止进水，打开鼓风机，进行曝气，进气量为 25 m³/h，曝气时间为 24 h。2010 年 11 月 23 日上午 8 时，再次进水，使水面上升至滤料层表面 1 m，停止进水，同时进行曝气，曝气量仍为 25 m³/h，曝气时间为 24 h。2010 年 11 月 24 日上午 8 时，系统再次进水，使水面上升至出水口，停止进水，同时进行曝气，曝气量仍为 25m³/h，曝气时间为 24 h。2010 年 11 月 25 日上午 8 时普通曝气生物滤池正式开始运行，进水流量 5 m³/h，气水比 5：1。2010 年 12 月 1 日上午 9：30，对系统进出水取样，水样送往浙江工业大学进行检测，数据见表 2-2。

表 2-2 接种挂膜方法监测结果

项目	河水	生物滤池出水	单位
浊度	22.6	40.8	NTU
pH	7.32	8.05	—
氨氮	1.67	0.58	mg/L
硝酸盐氮	1.4	1.83	mg/L
总氮	2.88	2.62	mg/L

氨氮的去除率：（1.67 － 0.58）/1.67=65.2%>60%，挂膜成功。

(3)实验过程及检测数据

2010 年 12 月 1 日普通曝气生物滤池挂膜成功后，中试实验正式开始，现场水质指标检测主要以现场实验室为主，其间定期取样后送至上海市水环境监测中心浦东新区分中心进行相关数据检测。所有数据详见表 2-3。2011 年 1 月 28 日至 2011 年 2 月 16 日由于中国传统节日春节，中试实验停止数据检测，为防止生物膜死亡，设备采用进水流量 3 m^3/h，气水比 3 ： 1 继续进行曝气运行。2 月 16 日后整套中试设备重新开始正式运行，2011 年 4 月 7 日现场开始施工，第 I 阶段中试实验停止。在实验过程中，每 72 小时进行反冲洗一次，时间 15 min，采用单水—气水联洗—单水的反冲洗模式，反冲洗后的污废水外排，反冲洗期间系统停止出水。实验结束后，对陶粒滤料层厚度进行现场测量，发现厚度减少 600 mm。

表 2-3 第 I 阶段中试实验数据

| 日期 | 进水 | | | | 出水 | 氨氮去除率/% | 检测单位 |
	流量/(m³/h)	气水比	温度/℃	氨氮/(m³/h)	氨氮/(m³/h)		
2010-12-26	3	4：1	7	1.76	0.56	68	杭州市余杭区环境检测站
2011-01-03	3	3：1	4	1.51	0.52	66	自测
2011-01-07	3	2：1	4	1.5	0.43	71	自测
2011-01-09	4	4：1	4	1.41	0.33	77	自测
2011-01-12	3	3：1	2.2	1.27	0.17	87	上海市环境监测中心浦东新区分中心
2011-01-14	4	3：1	4.9	1.06	0.43	59	自测
2011-01-15	4	2：1	4.3	1.35	0.52	61	自测
2011-01-18	4	3：1	5	0.43	0.12	72	上海市环境监测中心浦东新区分中心
2011-01-21	4	4：1	3	1.68	0.38	77	自测
2011-01-24	3	2：1	6	2.96	1.25	58	上海市环境监测中心浦东新区分中心
2011-02-22	3	3：1	7	2.44	0.35	86	自测
2011-02-25	4	4：1	10	0.99	0.33	67	自测
2011-03-01	4	3：1	8	0.54	0.14	74	上海市环境监测中心浦东新区分中心
2011-03-04	4	2：1	9.2	0.8	0.26	68	自测
2011-03-14	3	3：1	13.9	1.2	0.32	73	自测
2011-03-16	3	3：1	9.5	2.3	0.48	79	自测
2011-03-20	3	3：1	12	3.89	0.62	84	自测
2011-03-26	3	2：1	12	1.53	0.56	63	自测
2011-03-27	3	2：1	11.1	1.49	0.6	60	自测
2011-03-30	3	3：1	14.4	1.64	0.44	73	自测
2011-03-31	3	3：1	12	1.01	0.44	56	自测
2011-04-02	3	4：1	9.5	1.13	0.33	71	自测
2011-04-03	3	4：1	9.1	1.14	0.35	69	自测
2011-04-04	3	4：1	15	1.71	0.43	75	自测

2.2.3 第 I 阶段实验数据分析及结论

(1)挂膜

第 I 阶段中试实验在冬季进行，气温较低，滤料采用惰性陶粒滤料，自然挂膜 20 天，不能成功，取河水底泥进行镜检，没有发现活性微生物，然后采用接种挂膜，10 天后挂膜成功。

结论：在工程设计时，氨氮降解系统启动挂膜应采用接种挂膜。

(2)运行数据分析

在第 I 阶段中试实验中，普通曝气生物滤池系统分别运行了进水 3 m³/h、4 m³/h，气水比 2∶1、3∶1、4∶1 的各种工况，数据分析如图 2-6 和图 2-7 所示。

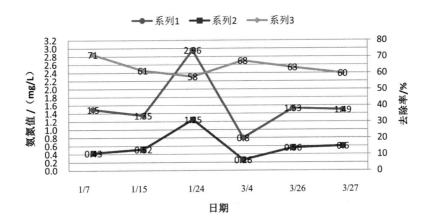

图 2-6 第 I 阶段中试气水比 2：1 数据分析图

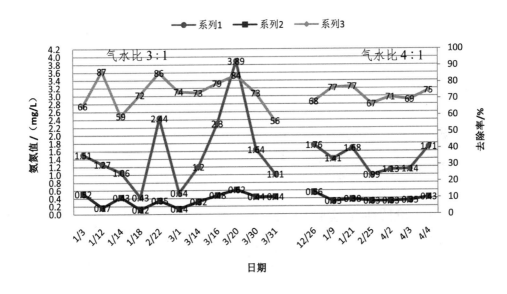

图 2-7 第 I 阶段中试气水比 3：1、4：1 数据分析图

(3) 结论

1) 第 I 阶段中试实验在水温较低的情况下，进水氨氮值大于

1 mg/L，气水比为 2 ：1 时，无论进水流量为 3 m³/h 或 4 m³/h，出水不能达标；当气水比大于等于 3 ：1 时，进水流量为 3 m³/h 出水可达标，进水流量 4 m³/h，即设备超负荷运行 30%，出水也可达标。

2）采用惰性陶粒滤料作为滤料氨氮降解较为明显，但在运行中需要定时气水反冲洗，反冲洗后的废水中试实验直接外排，但在工程设计中需要进行处理。另外，由于陶料滤料在反冲洗时破损和跑料，导致第 I 阶段中试实验结束后，滤料层减少 600 mm，减少率为 600/2 400=25%，这一点在工程设计中需要特别注意。

2.3 第 II 阶段中试实验

2.3.1 第 II 阶段中试实验目的

由于第 I 阶段中试实验采用惰性陶粒滤料作为滤料，虽然氨氮降解较为明显，但具有如下缺点。

(1)需要定时进行气水反冲洗，产生的污废水如果不进行处理会产生二次污染。

(2)陶粒滤料运行过程中破损和跑料不可避免，因此需要定时进行补充。

(3)陶粒滤料比重较大，运行与反冲洗需要的能耗较大。

从 2010 年开始浦东新区开始全面河道治理，沿河截污纳管，不允许未处理的污水直接排入现有河体，整个浦东水系水质会越来越好，迪士尼围场河的水质也会得到改善，因此在第 I 阶段中试实验后由于采用惰性陶粒滤料出现了上述缺点，提出开始第 II 阶段中试实验采用改进型曝气生物滤池（BAF 系统），主要目的是寻找一种比重较轻且比表面积大、微生物易附着、不易破损的塑料滤料来替代陶粒滤料；取消水反冲，避免污废水二次污染以及降低运行能耗。同时在第 II 阶段中试实验中降低气水比，开展极限工况实验，为工程设计运行提供技术支持。通过筛选第 II 阶段中试实验采用如图 2-8 所示塑料滤料，其参数见表 2-4。

图 2-8 滤料图

表 2-4 塑料滤料参数

规格 /mm	材质	真密度 /（kg/m³）	有效比表面积 /(m²/m³)	堆积密度 /（kg/m³）
Φ10×8	聚乙烯改性	940~980	800±30	120

2.3.2 设计参数及相关图纸照片

(1)设计参数

设计流量：3 m³/h

滤料：塑料滤料

滤料层厚度：2.4 m

滤速：5 m/h

气水比：3：1

气反冲周期：72 h

气反冲洗强度：15 L/(m² · s)

⑵设计图纸及现场图片

设计图纸及现场图片如图 2-9 和图 2-10 所示。

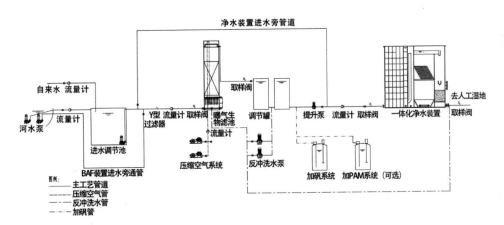

图 2-9 第Ⅱ阶段中试实验工艺流程图

图 2-10 第 Ⅱ 阶段中试实验现场图

2.3.3 第Ⅱ阶段实验过程

(1)启动挂膜

根据第Ⅰ阶段的经验，第Ⅱ阶段中试实验采用接种挂膜。2011 年 9 月 6 日 19：00 投放活性污泥，投放后进水，水位高出滤料表层 20 cm 左右，闷曝一天，曝气为 2.5 m³/h。4 日下午再进水，水位高出滤料表层 1 m 左右，继续闷曝，曝气不变。5 日晚开始小流量进水，流量为 1.5 m³/h，曝气仍为 2.5 m³/h。河水的进水氨氮浓度在 9 月 7 日后降到 1 mg/L 以下，给塑料滤料挂膜带来难度，但在 9 月 13 日去除率达到了 65%，由于进水氨氮浓度低，

导致塑料滤料挂膜不稳定，运行至 10 月 4 日时，去除率稳定在

60% 左右，即挂膜成功（见表 2-5）。

表 2-5 第 Ⅱ 阶段中试实验挂膜检测数据

序号	日期	流量/（m³/h）	气水比	水温/℃	出水口DO	进水氨氮/（mg/L）	出水氨氮/（mg/L）	去除率/%	备注
1	2011-09-06	1.5	1.7：1			1.1	0.9	18	
2	2011-09-07	1.5	1.7：1			0.8	0.76	6	
3	2011-09-08	3	4：1			0.29	0.23	20	
4	2011-09-10	1.6	5：1			0.69	0.31	55	
5	2011-09-11	1.6	5：1			0.79	0.39	51	
6	2011-09-12	1.6	5：1			0.59	0.37	37	
7	2011-09-13	1.6	5：1			0.62	0.22	65	
8	2011-09-14	1.6	5：1			0.49	0.39	20	
9	2011-09-15	3	4：1			0.46	0.34	26	
10	2011-09-16	3	4：1			0.54	0.38	30	
11	2011-09-17	2.6	2：1		6.3	0.5	0.42	17	
12	2011-09-20	2.3	1：1	21	6.2	0.56	0.36	36	河水DO=1.2
13	2011-09-21	2.3	1：1	21	5.7	0.73	0.46	37	
14	2011-09-28	3	3：1		6.88	0.75	0.33	56	
15	2011-09-29	3	3：1			0.62	0.37	40	
16	2011-09-30	3	3：1	22	7.3	0.95	0.48	49	
17	2011-10-01	3	3：1	20	7.9	1	0.39	61	
18	2011-10-02	3	3：1	20	7.8	1.1	0.48	56	
19	2011-10-03	3	3：1	19	7.5	1.1	0.42	62	
20	2011-10-04	3	3：1	20	7.3	0.9	0.35	61	

(2)实验过程及检测数据

第 Ⅱ 阶段中试实验挂膜成功后，从 2011 年 10 月 5 日开始进

行中试实验。第 Ⅱ 阶段中试实验的目的是采用塑料滤料且不进行

水反冲洗，在此条件下，降低气水比，验证极限工况运行，因此在 10 月 5 日至 11 月 9 日，在气水比 1：1 的情况下，分别进行了进水流量为 3 m³/h、4 m³/h、5 m³/h 和 6 m³/h 工况运行。由于迪士尼周边水系的治理，河水水质不断变好，水中氨氮指标在第 Ⅱ 阶段实验中均小于 1 mg/L，为了验证极限工况，在 11 月 16 日曝气生物滤池系统进水流量调整为 3 m³/h，开始在进水管上在线投加碳氨，增加原水中的氨氮含量，以便确定合适的气水比，实验至 12 月 27 日结束（见表 2-6）。

表 2-6　第 Ⅱ 阶段中试实验过程检测数据

序号	日期	流量 /(m³/h)	气水比	pH	水温/℃	DO	进水氨氮 /(mg/L)	出水氨氮 /(mg/L)	去除率 /%	备注
1	2011-10-05	3	1：1		21	6.9	0.78	0.31	60	
2	2011-10-06	3	1：1				0.53	0.36	31	
3	2011-10-07	3	1：1		21	6.7	0.55	0.33	40	
4	2011-10-09	3	1：1	6.87	21	6.1	0.49	0.31	37	
5	2011-10-10	3	1：1		21	6.7	0.51	0.32	37	
6	2011-10-13	4	1：1	7.88	21		0.55	0.29	47	
7	2011-10-14	4	1：1	8.04	20		1.18	0.58	51	
8	2011-10-15	4	1：1		19	5.8	1.2	0.64	47	
9	2011-10-16	4	1：1		20	5.4	0.76	0.36	53	
10	2011-10-17	4	1：1		20	6.1	0.64	0.42	35	
11	2011-10-18	4	1：1		20	6.7	0.52	0.26	48	
12	2011-10-19	4	1：1		20	6.1	0.53	0.3	43	
13	2011-10-21	5	1：1			6.2	0.39	0.28	28	
14	2011-10-23	5	1：1		21	6.4	0.35	0.23	34	
15	2011-10-24	5	1：1		20	5.3	0.32	0.22	31	
16	2011-10-25	5	1：1		20	5.3	0.37	0.25	33	

序号	日期	流量/ (m³/h)	气水比	pH	水温/℃	DO	进水氨氮/(mg/L)	出水氨氮/(mg/L)	去除率/%	备注
17	2011-10-26	5	1：1		18	5.8	0.38	0.24	37	
18	2011-10-28	5	1：1		18	6.2	0.36	0.13	65	
19	2011-10-29	5	1：1		19	6.7	0.43	0.21	51	
20	2011-10-30	5	1：1		19	6.2	0.42	0.23	45	
21	2011-10-31	5	1：1		19	6.7	0.34	0.2	43	
22	2011-11-2	6	1：1		19	6.7	0.49	0.24	51	
23	2011-11-03	6	1：1		19	5.1	0.65	0.36	44	源水DO=1.5
24	2011-11-05	6	1：1				0.7	0.46	34	反冲前
25	2011-11-05	6	1：1				0.7	0.47	34	反冲后1h
26	2011-11-07	6	1：1			4.6	0.84	0.57	32	
27	2011-11-08	6	1：1			5.2	0.85	0.57	33	
28	2011-11-09	6	1：1				0.92	0.57	39	
29	2011-11-16	3	2：1		16	7.5	4.47	2.93	34	在线投加碳铵
30	2011-11-17	3	2：1		18	6.7	4.15	2.52	39	在线投加碳铵
31	2011-11-19	3	2：1		16	7	1	0.7	30	河道取水
32	2011-11-20	3	2：1		16	7	0.61	0.26	56	河道取水
33	2011-11-21	3	2：1		16	6.7	3.49	1.02	71	在线投加碳铵
34	2011-12-01	3	2：1		12	7.5	0.66	0.22	67	河道取水
35	2011-12-03	3	2：1		12	8	2.61	1.45	44	在线投加碳铵
	2011-12-04	3	2：1		11	7.8	2.65	1.08	59	在线投加碳铵
37	2011-12-05	3	2：1		11	7.8	2.65	0.91	66	在线投加碳铵
38	2011-12-06	3	2：1		11	7.8	2.42	0.96	60	在线投加碳铵
39	2011-12-07	3	2：1		12	7.1	2.52	0.95	63	在线投加碳铵
40	2011-12-08	3	3：1		11	7.5	2.8	0.89	68	在线投加碳铵
41	2011-12-09	3	3：1		11	7.2	1.7	0.32	81	在线投加碳铵
42	2011-12-10	3	3：1		10	7.2	1.7	0.36	79	在线投加碳铵
43	2011-12-11	3	3：1		11	7.6	1.8	0.44	76	在线投加碳铵

序号	日期	流量/(m³/h)	气水比	pH	水温/℃	DO	进水氨氮/(mg/L)	出水氨氮/(mg/L)	去除率/%	备注
44	2011-12-12	3	3：1		9	7	2.6	0.49	81	在线投加碳铵
45	2011-12-13	3	3：1		9	8.4	1.6	0.35	78	在线投加碳铵
46	2011-12-16	3	3：1		7	8	2.7	0.48	82	在线投加碳铵
47	2011-12-17	3	3：1		7	9.4	1.9	0.41	78	在线投加碳铵
48	2011-12-18	3	3：1		7	9	2.4	0.48	80	在线投加碳铵
49	2011-12-19	3	3：1		6	8.5	2.4	0.5	79	在线投加碳铵
50	2011-12-20	3	3：1		6	9.8	0.65	0.11	83	河道取水
51	2011-12-21	3	3：1		6	8	2.48	0.47	81	在线投加碳铵
52	2011-12-22	3	3：1		5	7.8	2.22	0.45	80	在线投加碳铵
53	2011-12-23	3	3：1		5	9.2	2.3	0.27	88	在线投加碳铵

2.3.4 第Ⅱ阶段实验数据分析及结论

(1)挂膜

第Ⅱ阶段中试实验虽然在夏季进行，气温也较高，但也需要接种挂膜，当原水氨氮指标较低时，挂膜时间较长。

结论：在工程设计时，生物滤池系统启动挂膜应采用接种挂膜。

(2)运行数据分析

在第Ⅱ阶段中试实验中，BAF 系统在气水比为 1 ：1 的情况下，分别进行 3 m³/h、4 m³/h、5 m³/h 和 6 m³/h 工况运行，同时

也进行了进水流量为 3 m³/h 高氨氮指标的运行工况，数据分析

如图 2-11 和图 2-12 所示。

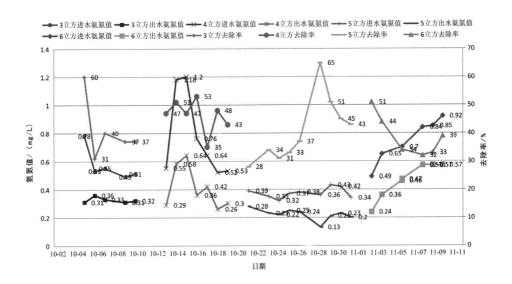

图 2-11 气水比 1 ：1 情况下不同进水流量氨氮降解数据分析表

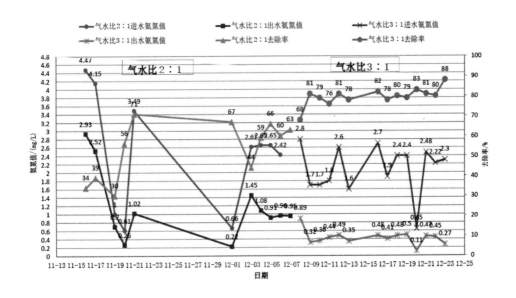

图 2-12 进水流量 3 m³/h 情况下不同气水比氨氮降解

（3）结论

1）在气水比 1 ∶ 1 情况下，原水氨氮指标小于 1 mg/L 时，即使超负荷运行 100%，出水氨氮基本可以达标，因此在工程运行中，如果需要超负荷运行，出水也可以达标。

2）在设计流量 3 m^3/h 情况下，原水氨氮指标在 2 mg/L 时，气水比为 2 ∶ 1 运行，出水不能达标，气水比为 3 ∶ 1 运行时，出水可以达标。因此在工程运行中，如果原水氨氮指标较高时，需要加大气水比至 3 ∶ 1。

3 工程应用设计

3.1 工程概况

2012 年 10 月上海迪士尼综合水处理厂开始工程可行性研究设计，氨氮降解技术借鉴中试实验的结论进行深化。中试实验的结论汇总如下。

(1)生物滤料采用比表面积大的塑料滤料。

(2)取消水反冲洗系统，保留气反冲系统。

(3)取消排泥系统。

(4)工程设计时气水比按最不利工况 3∶1 设计，采用备用鼓风机，当进水氨氮指标低时，气水比取 1∶1 或更低。

(5)生物滤池运行启动时需要接种挂膜。

根据中试实验的结论经验，工程设计的氨氮降解技术采用改进型曝气生物滤池（BAF 系统）：惰性陶粒滤料改为比表面积大的塑料滤料，取消水反冲系统、排泥系统。

中心湖泊面积为 0.39 km^2，周长约 5 km，呈东西向长，南北向短的不规则形状，其东西向最长水平距离约 1 km，南北向最长垂直距离近 560 m。长江勘测规划设计研究有限责任公司通过建立中心湖水动力数学模型，根据水量、水质研究论证了中心湖湖水循环处理的规模。改善湖区水质所需的水量大小由长期平均的湖区水质情况而定，而湖区的水质取决于补水量、湖区生态系统健康状况、入湖污染负荷大小、湖区综合水处理厂出水水质等多种因素。鉴于湖区不考虑构建生态系统，通过主要分析湖区的污染负荷，采用恒定的总磷守恒模型分析确定合理的水处理中心补水量及内循环水量，根据论证，综合水处理厂的设计规模为 2.4 万 m^3/d，氨氮降解系统的设计规模也为 2.4 万 m^3/d。

图 3-1 为工程位置图。

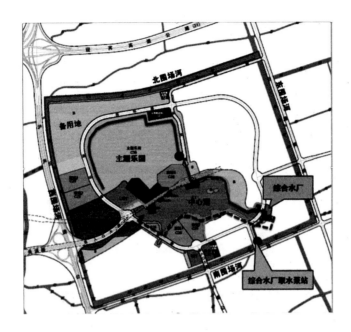

图 3-1 工程位置图

围场河功能定位是园区内部的雨水承泄河道。一方面，园区内所有雨水泵站的出水均将打入其中，同时它还兼具有补偿水面积、增强调蓄的功能，它的建设对保障园区排涝安全起着重要作用；另一方面，作为整个园区及周边地块规划范围内的规划骨干河道，围场河作为护园河，能完善河网、调活水体、改善区域水环境质量，是中心湖泊引水及园林灌溉水的补充水源。

围场河的规模为：围合全长 10 236 m，其中东围场河长 2 135 m，口宽 60 m，底高程 -1.0 m；西围场河长 2 428 m，口宽 35 m，底高程 -1.0 m；南围场河长 2 898 m，口宽 60 m，底高程 -1.0

m；北围场河长 2 775 m，口宽 60 m，底高程 −1.0 m。

综合水处理厂的主要功能就是保证中心湖的水质，运行工况有三种：

第一种工况（内循环）：当湖泊不需要外部水源补水，且进水氨氮浓度不超过 0.4 mg/L 时，BAF 系统处理水量 12 000 m^3/d，进水为中心湖水，出水氨氮浓度不超过 0.3 mg/L。

第二种工况（内循环）：当湖泊不需要外部水源补水，且进水氨氮浓度超过 0.4 mg/L 时，BAF 系统处理水量 24 000 m^3/d，进水为中心湖水，进水氨氮浓度不超过 0.5 mg/L，出水氨氮浓度不超过 0.3 mg/L。

第三种工况（外循环）：当中心湖水位较低需要外部水源补水时，BAF 系统处理水量 24 000 m^3/d，进水为围场河水，进水氨氮浓度设计值为 3 mg/L，出水氨氮浓度不超过 0.5 mg/L。

3.2 自然概况

3.2.1 地理概况

浦东新区地处上海市东大门，东临长江主航道出海口，西至

40

黄浦江，与杨浦、虹口、黄浦等区隔江相望，南与闵行区接壤。

迪士尼项目位于浦东新区的川沙腹部地区，居于川杨河与浦东运河交汇处，是近千年来由长江泥沙沉积，经江海潮流长期冲积而成陆，属长江三角洲冲积平原。拟建的迪士尼项目目前周边主要的生活区有：川沙新市镇、六灶新市镇、六团社区、瓦屑社区、黄楼社区。周边已建成和在建的开发建设项目有：张江高科技园区、康桥工业区、国际医学园区、空港物流园区等产业区。由于规划范围内的土地利用一直处于严格控制中，所以除少量已城市化地区外，大部分主要是农村地区，现状存在大量的耕地、河流、鱼塘等。地势平坦，平均高程在 4.20 m 左右。

3.2.2 水文条件及水环境概况

浦东新区属于平原感潮河网地区，外围系长江口与黄浦江水域环抱，水位受沿海潮汐影响大。新区境界内河流纵横交错，河面面积约占全部面积的 7.12%。有大小河道 4 600 多条（段）。主要河流为黄浦江及川杨河、白莲泾、高桥港、浦东运河等 17 条干河。黄浦江长 80 km，宽约 400 m，深度 7～9 m；川杨河长 28.8 km，宽 44～45 m，深约 3 m。

　　迪士尼项目范围属于上海市水利分片综合治理"浦东片"的一部分，浦东片外围已经建设了包括黄浦江防汛墙、长江口与杭州湾海塘等防洪防潮工程，并设置了引排水口门等。迪士尼项目规划范围内，河网密集，主要承担现状农村化地区的排涝、引水、农业灌溉等功能，河浜主要走向为东西向和南北向，浜宽一般为 10～25 m，根据调查和浅层勘察，场地内河浜一般深度小于 4.0 m。河水位主要受大气降水影响，6—9 月为雨季，河水位较高。为防止潮汐影响，河道上建有多级闸门，通过水闸的合理调度来进行内河水体与外围水体的置换，并调节河水位高低，达到改善内河水质和防汛排涝的目的。本区域河水位一般控制在 2.5～2.8 m。根据规划，上述一期工程范围内的河道已不能满足本工程项目建设对水利的要求，河道需根据控制性规划和城市化地区防汛排涝要求予以调整，具体设想是：在整个迪士尼项目的四周边界处，建设围场河，其功能主要是：防汛、排涝、调蓄、水环境改善、水资源调度及作为园区必需的补充水源等。由此，一期工程范围内现状河道待围场河形成后全部填埋，围场河与外围规划河道连接，构成新的水系结构。

3.2.3 气象条件

上海地处北亚热带南缘，是东南季风盛行的地区。由于受冷暖空气交替影响，四季分明，冬夏长，春秋短，受海洋影响明显。年平均气温 15.5 ℃，夏季最高气温 38 ℃，冬季最低气温 -9.6 ℃，全年降雨量 1 114.9 mm。夏秋季为台风多发季节，常发生灾害天气。

通过降雨事件分析，并统计了上海市降雨特性参数：平均降雨场次为 111 场，每场降雨的平均雨量为 10.72 mm，平均降雨历时为 6.87 h，平均降雨间隔时间为 71.36 h，降雨强度 1.699 mm/h。

3.3 水质指标分析

综合水处理厂采用外循环处理工况时，取水来自于南围场河，围场河的河水水质根据现状周边河道的水质检测数据进行确定。围场河与浦东大水体联通，与周边骨干河道亦形成沟通，因此选取工程区域周边大水体水质有一定的借鉴价值。迪士尼园区附近的浦东运河 2007 年和 2008 年水质资料见表 3-1。

表 3-1 浦东运河 2007—2008 年水质资料表

pH	DO/ (mg/L)	COD/ (mg/L)	BOD$_5$/ (mg/L)	NH$_3$-N/ (mg/L)	NO$_3$-N/ (mg/L)	TN/ (mg/L)	TP/ (mg/L)	粪大肠菌 / (no./L)
7.3 ~ 7.6	4.1 ~ 6.1	15 ~ 19	2.6 ~ 3.1	1.57 ~ 3.87	1.84 ~ 2.21	4.12 ~ 6.38	0.183 ~ 0.283	24 200

为进一步掌握水质情况，为设计提供依据，2011 年 6 月、10—12 月，在朱家浜、川杨河、长界港、六灶港和虹桥港取样进行水质监测，结果见表 3-2。

表 3-2 迪士尼园区附近河道 2011 年水质表

河道	日期	水质指标				
		pH	NH$_3$-N/ (mg/L)	NO$_3$-N/ (mg/L)	TP/ (mg/L)	PO$_4^{3}$-P/ (mg/L)	COD$_{Cr}$/ (mg/L)
朱家浜	2011-06-10	7.84	2.21		1.49	0.54	39.99
川杨河		7.92	4.22		0.51	0.12	17.98
朱家浜	2011-10-25		0.53	0.81	0.349	0.168	25.9
长界港			0.44	0.79	0.253	0.125	20.79
八灶港			0.47	2.61	0.215	0.051	35.87
朱家浜	2011-11-02		0.41	0.73	0.314	0.208	30.52
长界港			0.57	1.14	0.297	0.139	28.46
八灶港			1.29	2.34	0.236	0.205	31.7
朱家浜	2011-11-21		0.73	1.01	0.232	0.155	31.1
八灶港			2.07	1.66	0.442	0.315	37.27
长界港			0.49	1.25	0.405	0.192	23.27
虹桥港			3.19	0.84	0.373	0.314	26.51
六灶港			3.98	2.24	0.49	0.405	28.77
朱家浜	2011-12-14		0.67	0.986	0.16	0.155	18.1
六灶港			8.19	2.64	0.512	0.405	23.7

从表 3-2 可以看出，2011 年 6 月朱家浜、2011 年 12 月六灶

港水质等突变较恶劣，原因是取样时河道周边在进行拆迁，河水受人类活动干扰污染严重，因此该指标不具备代表性，评价时剔除。总体来说，比照中心湖水的水质指标，pH 100% 达标，氨氮达标率 30% 左右，超标倍数为 0.14 ～ 7.4 倍，总磷 100% 不达标，超标倍数 7 ～ 73.5 倍，监测中 COD_{Cr} 超标率较高，达 90%，超标倍数最大为 1 倍，硝酸盐氮 100% 达标，但考虑到氮的含量对湖泊富营养化的影响，远期硝酸盐氮在湖泊中的富集作用，因此需采取措施控制硝酸盐氮，以防止水体氮含量过高。另外，在现场水质检测时，还对铜作了测试。所有水样显示：铜 ≤ 0.001，满足湖水标准。

据此，将围场河水设计水质指标暂定如下（见表 3-3）

表 3-3 围场河水设计水质

序号	项目	设计水质
1	pH	6~9
2	悬浮物 SS/（mg/L）	≤ 25
3	化学需氧量 COD/（mg/L）	≤ 30
4	五日生化需氧量 BOD_5/（mg/L）	≤ 15
5	氨氮 NH_3-N/(mg/L)	≤ 3
6	总氮 TN/(mg/L)	≤ 8
7	总磷 TP/(mg/L)	≤ 0.5
8	总溶解性固体 TDS/(mg/L)	≤ 500

另外，根据前期湖水处理中试资料，对现状河道水的连续检测发现，随着迪士尼园区周边动迁工作的不断推进，原有的生活及农业生产污染物不复存在，现状河道水质日趋良好，这将大大有利于河水的处理利用。

上海迪士尼中心湖水水质指标经过中美双方专家多次协商，最后取得一致意见，具体指标值见表3-4。

表3-4 中心湖水水质指标

主要项目	标准（每个样本的参数值必须不超标）
总磷（TP）	0.01 ~ 0.02
凯氏氮（TKN）	≤ 0.52
氨氮(NH_3-N)	≤ 0.5
硝酸盐氮（NO_3^--N）	≤ 5 ~ 10
次要项目	基础标准 参数值基于年几何平均，三年内超标情况不超过一次。 最少一季度取样一次
粪便型大肠菌群/(个/L)	≤ 200(月平均), ≤ 800（不可在独立样本中超标）
pH(标准值)	6.5 ~ 8.5
五天的生化需氧量(BOD_5)	≤ 6
化学需氧量(COD)	≤ 20
溶解氧（DO）	根据季节性温度变化为 3 ~ 5
铜(Cu)	≤ 0.5
氰化物(CN^-)	≤ 0.1
硫化物含量（S^{2+}）	≤ 0.2

注：除另有说明，所有单位均为 mg/L。

本书主要是研究氨氮指标的降解，把围场河水氨氮指标降解至中心湖水质指标要求，其他水质指标通过相关方法进行处理，在此不进行赘述。

3.4 氨氮降解系统设计计算

3.4.1 概述

上海迪士尼综合水处理厂设计水处理能力 2.4 万 m^3/d，将水处理各工艺阶段合并在同一厂房，为了减少占地面积，各工艺构筑物均采用设备化。改进型曝气生物滤池（BAF 系统）采用不锈钢材质现场焊接组装，单体内部为了检修时不影响设备运行，BAF 系统分为 8 组，并联运行，每组设计水处理能力 3 000 m^3/d。以下按单组计算，且按最不利运行工况考虑。

3.4.2 设计参数

(1)进水流量 Q=3 000 m^3/d=125 m^3/h；

(2)进水氨氮 3 mg/L（根据中试实验及迪士尼周边河道水质实测汇总得出）；

(3)出水氨氮 0.30 mg/L（考虑中心湖受雨水、降尘等污染，出水要低于中心湖水质指标 0.5 mg/L）；

(4)滤池表面水力负荷取 5 m³/(m² · h)，［规范 3 ～ 12 m³/(m² · h)］；

(5)空床水力停留时间取 30 min（规范 30 ～ 45 min）；

(6)硝化负荷取 0.4 kg/(m³ · d)［规范 0.4 ～ 0.6 kg/(m³ · d)］；

(7)滤料装填高度取 2.6 m（规范 2 ～ 4 m）；

(8)滤池反冲洗（气反冲），强度 15 L/(m² · s)，历时 15 min，周期 7 d；

(9)各种管流速（m/s）

进水管：0.8 ～ 1.2

出水管：1.0 ～ 1.5

反冲洗水管：2.0 ～ 2.5

排水管：1.0 ～ 1.5

输气总管：10 ～ 15

配气支管：3 ～ 5。

3.4.3 设计计算

(1)计算滤池面积

采用空床水力停留时间法和硝化容积负荷法分别计算，两种方法计算结果差别较大时，选取面积大的计算结果。

1）空床水力停留时间法计算

$$A = \frac{Q}{24q}$$

$$q = \frac{H_0}{t}$$

式中：A—滤池总面积，m^2；

Q——设计进水流量，$3\,000\ m^3/d$；

H_0——滤池装填高度，$2.6\ m$；

t——水力停留时间，$0.5\ h$；

q—滤池水力表面负荷，$m^3/(m^2 \cdot h)$；

$$q = \frac{2.6}{0.5} = 5.2\ m^3/(m^2 \cdot h)$$

$$A = \frac{Q}{24q} = \frac{3\,000}{24 \times 5.2} = 24\ m^2$$

2）硝化容积负荷法计算

$$A = \frac{W}{H_0}$$

$$W = \frac{Q \times \Delta C_{NH_4-N}}{1\,000 \times q_{NH_4-N}}$$

式中：A——滤池总面积，m^2；

Q——设计进水流量，$3\,000\ m^3/d$；

H_0——滤池装填高度，$2.6\ m$；

W——滤料总有效容积，m^3；

$q_{NH_4\text{-}N}$——硝化容积负荷，$0.4\ kg\ /(m^3 \cdot d)$；

ΔC_{NH_4-N}——进出水氨氮浓度差值，（$3 \sim 0.3$）mg/L。

$$W = \frac{3\,000 \times 2.7}{1\,000 \times 0.15} = 54\ m^3$$

$$A = \frac{108}{2.6} = 20.75\ m^2$$

采用空床水力停留时间法计算的滤池总面积大于硝化容积负荷法，故滤池总面积采用 $24\ m^2$；滤池尺寸长 × 宽 $=7\ m \times 3.5\ m$ $=24.5\ m^2$。

滤池实际水力表面负荷：

$$q = \frac{3\,000}{24 \times 24.5} = 5.1\ m^3/（m^2 \cdot h）$$

(2)滤池高度

配水室：1.2 m；

承托层：0.2 m；

滤料层：2.6 m；

清水区：2.4 m；

超高：0.4 m；

滤池高度 =1.2+0.2+2.6+2.4+0.4=6.8 m。

(3)布气系统

布气系统包括在滤池正常工作时的曝气系统和滤池气反冲洗时的布气系统两部分。两部分管路进入设备时完全独立分开，但总管共用。

1）曝气系统设计流量

根据中试实验气水比采用最不利工况进行设计，取 3：1。

则每组设备需气量为 Q=125×3=375 m^3/h=6.25 m^3/min。

2）气反冲系统设计流量

根据中试实验气反冲系统反冲强度取 15 L/($m^2 \cdot$ s)。

则每组设备需气量为 Q=24.5×0.015×60=22.05 m^3/min。

(4)管路系统

1）进水管计算

取进水管流速：v=1.2 m/s；

进水管直径：$d=\sqrt{\dfrac{4q}{\pi v}}=\sqrt{\dfrac{4\times0.035}{3.14\times1.2}}=$ 0.192 m，取 d=200 mm；

实际流速：$V=\dfrac{0.035\times4}{3.14\times0.02^2}=$1.11 m/s。

2）出水管计算

取出水管流速：v=1.2 m/s；

出水管直径：$d = \sqrt{\dfrac{4q}{\pi v}} = \sqrt{\dfrac{4 \times 0.035}{3.14 \times 1.2}} = 0.192$ m，取 d=200 mm；

实际流速：$V = \dfrac{0.035 \times 4}{3.14 \times 0.02^2} = 1.11$ m/s。

3) 曝气管计算

取曝气管流速：v=15 m/s；

曝气管直径：$d = \sqrt{\dfrac{4q}{\pi v}} = \sqrt{\dfrac{4 \times 0.104}{3.14 \times 15}} = 0.094$ m，取 d=100 mm；

实际流速：v=14 m/s；

单孔膜空气扩散器 68 套 /m²，共 68×24.5=1 666 套；

单孔膜空气扩散器配气支管 DN25，共 114 根；

单根配气支管的流量：$Q = \dfrac{12.5}{60 \times 114} = 1.8 \times 10^{-3}$ m³/s；

实际流速：$V = \dfrac{0.001\,8 \times 4}{3.14 \times 0.025^2} = 3.7$ m/s。

4) 反冲气管计算

取反冲气管流速：v=15 m/s

反冲气管直径：$d = \sqrt{\dfrac{4q}{\pi v}} = \sqrt{\dfrac{4 \times 0.013 \times 24.5}{3.14 \times 15}} = 0.16$ m，取 d=150 mm；

滤板下反冲气管开 30 mm 槽，上面焊接宽 50 mm 的矩形布气渠。布气渠开 φ25 孔，间距 100 mm，交错布置。

5) 放空管计算

BAF 系统每组滤池设一个放空管，阀门采用手动蝶阀，直径为 DN100，设在滤池底部，功能为排空滤池。

6）出水槽

排水槽中心距：α=2.3 m；

排水槽根数：n=3 根；

排水槽长度：L=3.5 m；

每槽排水量：$q = \dfrac{3\,000}{24 \times 3\,600 \times 3} = 0.012 \text{ m}^3/\text{s} = 12 \text{ L/s}$。

采用三角形断面

槽中流速：v=0.6 m/s；

槽末端断面尺寸：$x = \dfrac{1}{2}\sqrt{\dfrac{q}{1\,000v}} = \dfrac{1}{2}\sqrt{\dfrac{12}{1\,000 \times 0.6}} = 0.07 \text{ m}$，取 x=100 mm。

断面图如图 3-2 所示。

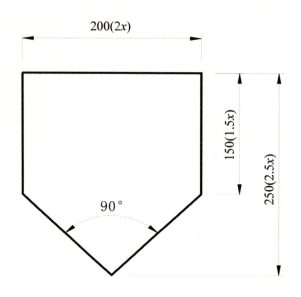

图 3-2 出水支槽断面图

总槽流量为 Q=34.7 L/s，槽中流速取 v=0.6 m/s，则过水断面

积为 $\dfrac{34.7}{0.6 \times 1\,000}$ =0.058 m²。

总渠宽取 0.4 m，则总渠高=$\dfrac{0.058}{0.4}$=0.145，超高取 0.4，总渠

高 0.545 m，取 0.55 m。

断面图如图 3-3 所示，系统三维图如图 3-4 所示。

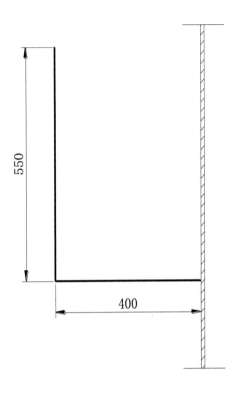

图 3-3 出水总槽断面图

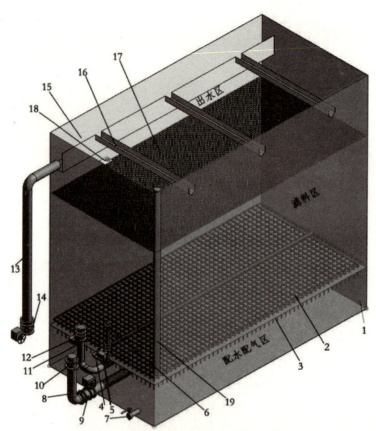

图 3-4 单组 BAF 系统三维图

1—池壁；2—单孔膜曝气系统；3—滤头滤板；4—曝气支管路；5—曝气支管电动蝶阀；6—曝气支管气体流量计；7—放空支管路；8—进水支管路；9—进水支管电动蝶阀；10—进水支管电磁流量计；11—气反冲支管路；12—气反冲支管电动蝶阀；13—出水支管路；14—出水支管电动蝶阀；15—出水总槽；16—出水支槽；17—滤料拦截网；18—超声波液位计；19—在线溶氧仪安装管

3.4.4 主要材料设备选型

（1）池体材质

BAF 系统所有池体、内部隔板以及相关金属配件采用 S316 不锈钢材质，板材厚度不小于 10 mm。

（2）滤头

BAF 系统采用防堵塞长柄滤头，由滤杆、滤帽、固定螺帽等组成。技术指标参数见表 3-5。

表 3-5 长柄滤头规格及技术参数

序号	项 目	技术要求
1	规格	Φ21 mm H = 305 mm
2	材质	ABS
3	数量	9 408 套
4	滤帽形式	塔形
5	滤杆形式	长柄
6	滤杆外径	Φ21 mm
7	滤杆内径	Φ17 mm
8	滤帽缝隙宽度	2.2 ± 0.03（mm）
9	滤帽缝隙总条数	28 条

（3）曝气器

BAF 系统曝气器采用单孔膜空气扩散器，单孔膜片采用三元乙丙橡胶，配气干管及配气支管采用全新不锈钢管，上、下管夹，采用 ABS 工程塑料。单孔膜空气扩散器安装方便、供给的气泡直径小、气泡分布范围大、不易被杂物堵塞、不怕滤料堆压，使用寿命大于 10 年。单孔膜空气扩散器技术指标参数见表 3-6。

表 3-6 单孔膜空气扩散器技术规格

序号	项　目	技术要求	备注
1	规格	Φ 42 mm × 46 mm	
2	材质	ABS	
3	数量	9 600 套	
4	通过空气流量	0.24~0.43 m^3/（个·h）	
5	氧利用率	≥ 22%	
6	阻力损失	≤ 2 500 Pa	
7	上下管夹外径	Φ 42 mm	
8	上下管夹长度	46 mm	
9	单孔膜片外径、孔径	Φ 33 mm，Φ 1.5 mm	
10	不锈钢固定支架高度	H=150 mm	不锈钢 S316
11	安装密度	68 套/m^2	
12	安装高度	150 mm	

（4）滤料

BAF 系统滤料采用亲水性材料和生物酶促进剂配方，将高分子材料进行改性，提高微生物酶的催化活性和反应效率，具有比表面积大、易挂膜、无堵塞、处理效果好等优点。

产品特性

1）滤料是一个"轮子"，分割的小室相当于几个"房间"，提供微生物生产大面积的最适宜环境；

2）"轮子"外壳对内表面生物起到保护作用，防止在曝气翻转、摩擦和反冲洗作用下发生生物膜脱落；

3）表面粗糙度高，形成大的比表面积，微生物挂膜快速；

4）表面极性控制实现薄的生物膜（10 ～ 300 μm），传质传氧速率高，无堵塞；

5）剩余污泥产量低，曝气池出水可直接过滤。

性能特点

1）滤料的真密度接近于水，挂膜前为 0.94 ～ 0.98 g/cm³，挂膜后约等于 1 g/cm³，仅需很小的能量，就可在全池翻腾运转，无死区；

2）滤料比表面积不小于 800 m²/m³；

3）表面粗糙度高，生物膜附着牢固，适合生长泥龄长的硝化菌，氨氮去除效率高；

4）最大硝化速率不低于 1.67 mg/（L·h）；

5）使用寿命不低于 10 年。

（5）电动蝶阀

每组 BAF 系统的进水支管、出水支管、气反冲支管、曝气支管分别安装相应规格型号的电动阀进行控制水（气）的进出，同时在进出水总管上也安装相应规格型号的电动阀。电动蝶阀的设计要求如下：

供电电源：380 V±20%，50 Hz±1%，3 Ph，电源电压降至负值极限时执行器能够正常启动，并保证其行程变化不大于全行程的 1.5%。

外壳防护等级：IP67，潜水型。

工作温度：标准型电动执行器的工作温度范围为 –25 ～ +80 ℃。环境温度变化 10 ℃ 时执行器行程变化不大于全行程的 0.75%。

配有结构简单、性能可靠的双向限位开关和扭矩开关，并且在中间位置还提供两个可随意设定位置的信号接点。每对开关均具有独立的一个常开和一个常闭接点。接点之间相互独立没有公共端。接点容量为 250 VAC，5 A；机械寿命大于 10^7。

开、关限位开关可靠准确，保证无过开过关现象，开关无空程。

具有力矩保护功能，其力矩，推力在名义值的基础上有不小于 ±20% 的可调裕度。行程有 ±10% 的可调裕度。行程时间亦可调整。

带有现场机械式阀位指示器。

独立的手轮操作,停止电动的任意时刻均可以切换到手轮操作,并且此时仍然保持自锁功能。通电时,自动恢复电动。采用8 : 1、或 11 : 1 的转动比,使人工操作手轮的最大作用力不大于 36 kgf,手轮的布置也有利现场调试和维护。

进水支管电动蝶阀数量:8 套;规格型号:DN200,PN1.0 法兰式中线型。

出水支管电动蝶阀数量:8 套;规格型号:DN200,PN1.0 法兰式中线型。

气反冲支管电动蝶阀数量:8 套;规格型号:DN150,PN1.0 法兰式中线型。

曝气支管电动蝶阀数量:8 套;规格型号:DN65,PN1.0 法兰式中线型。

进水总管电动蝶阀数量:2 套;规格型号:DN450,PN1.0 法兰式双偏心型。

出水总管电动蝶阀数量:2 套;规格型号:DN450,PN1.0

法兰式双偏心型。

（6）气体热式流量计

在每组 BAF 系统曝气支管、气反冲总管以及鼓风机系统出口总管上分别安装热式气体流量计。气体流量计的设计参数如下：

形式：一体式，现场显示；

测量介质：空气；

工艺接口：配插入安装套件；

主体／外层：316 不锈钢／铝；

传感器材料：316 不锈钢；

封装：氟橡胶；

准确度：±2%；

输出：HART，4 ～ 20 mA DC，累计脉冲输出；

电源／接口：24 VDC；

数显 LCD：带有现场数显；

保护等级：IP66；

曝气支管气体流量计数量：8 套；规格型号：DN65；

气反冲总管气体流量计数量：1 套；规格型号：DN150；

鼓风机系统出口总管气体流量计数量：1 套；规格型号：

DN200。

（7）电磁流量计

在每组 BAF 系统进水支管上分别安装电磁流量计。电磁流量

计的设计参数如下：

形式：一体式，现场显示；

测量介质：流体；

工艺接口：法兰安装；

主体／外层：316 不锈钢／铝；

传感器材料：316 不锈钢；

封装：氟橡胶；

准确度：±2%；

输出：HART，4 ～ 20 mA DC，累计脉冲输出；

电源／接口：24 VDC；

数显 LCD：带有现场数显；

保护等级：IP66；

进水支管电磁流量计数量：8 套；规格型号：DN200。

（8）在线溶解氧 DO 分析仪

在每组 BAF 系统内分别安装一台在线溶解氧 DO 分析仪，共 8 台。

该分析仪的测量原理为：荧光法，固定在溶胶—凝胶基质中的钌化合物受激发，会发出荧光，氧分子遇到荧光会发生猝灭反应，通过测量荧光的强度可精确计算出水溶液中的氧浓度。

测量范围：0 ～ 20 mg/L；

准确度：测量值的 ±1% 或 0.02 mg/L，大者为先；

重复性：0.01 mg/L；

灵敏度：4.00 mg/L 以上 0.1 mg/L，4.00 mg/L 以下 0.01 mg/L。

环境温度：－ 20 ～＋ 70 ℃；

漂移：每年少于 1%；

探头校验：自动诊断功能；

输出：4 ～ 20 MADC，RS232 或 RS485；

电源：220 VAC±10% 50 Hz；

防护等级：IP66 或 NEMA 4X；

功能要求：具有报警功能，继电器报警，错误代码显示。

（9）超声波液位计

在每组 BAF 系统顶部分别安装一台超声波液位计，共 8 台。

测量范围：0 ～ 6 m；

输出范围：4 ～ 20 mA；

分辨率：≤ 3 mm；

精度：量程的 ±0.15% 或 6 mm，取其较大值；

重复性：≤ 3 mm

盲区：0.25 m。

（10）鼓风机系统

鼓风机系统是为 BAF 系统曝气和气反冲洗提供气源。鼓风机系统设计 6 台风机，5 用 1 备，其中配件为泄压阀、电动阀、止回阀、消音器、隔音罩等。

单台风机性能参数：

风机类型：螺杆鼓风机；

气量：10 m^3/min；

压力：100 kPa。

3.5 工艺流程

（1）BAF 系统设备描述

上海迪士尼综合水处理厂氨氮降解工艺由 8 组相对独立的 BAF 系统组成，并联运行，每组滤池箱体从下至上依次为配水配气区、滤料区和出水区。配水配气区与滤料区由滤头滤板分隔开，滤料区与出水区由拦截网分隔开。

配水配气区从下至上依次设置有放空管路、进水管路、气反冲管路，其中：放空管的一端与配水配气室连通，另一端延伸出配水配气室的外部且设置有放空阀门；进水管的一端插入配水配气室内部，另一端延伸出配水配气室外部且设置有进水阀门；气反冲管路一端插入配水配气室的内部，另一端延伸出配水配气室外部且设置有气反冲阀门。

滤头滤板由滤板和长柄滤头组成，滤板上均布若干长柄滤头，滤板水平设置在配水配气室的顶端，且钢板的外围与箱体内壁密封设置。

滤料区从下至上依次设置有曝气管路、单孔膜曝气系统、滤料。其中：曝气管路位于滤头滤板上部滤料层的底部，曝气管路包括曝气支管和若干穿孔管，若干穿孔管构成环形回路，穿孔管上安装单孔膜曝气头，曝气支管延伸出设备箱外部且设置曝气阀门；滤料层采用塑料滤料，滤料层和出水区之间设置拦截网，防止滤料流失。

出水区位于箱体顶部，由三根出水支槽与一根出水总槽组成，出水总槽与出水管连通，出水管上设置出水阀门。

（2）BAF 系统工艺流程

BAF 系统工艺运行步骤如下。

1）打开进水阀门，水泵提升后源水通过进水管进入到配水室，随着水面上升，通过安装在配水室顶部滤头滤板，均匀进入到滤料区；进水采用完全混合式模式，均匀上升与滤料层充分混合，避免了现有悬浮滤料生物接触池进水从池壁一侧进入，水流采用推流式与悬浮滤料混合性较差的缺点。

2）在源水进入滤料区的同时，打开曝气阀门，风机压缩后的空气进入到曝气管路，通过安装在穿孔管上的单孔膜曝气头均匀地分配到滤料层，与经过滤头滤板进入的源水完全混合；为附着在滤料上的微生物提供足够的氧气，满足好氧微生物的合成、代谢功能，从而降解水中的氨氮含量。滤料采用比表面积大的塑料滤料，避免了颗粒滤料生物滤池中比重大的惰性滤料运行时水头损失大、能耗较高的缺点。

3）源水经过滤料层时停留时间为 30 ～ 45 min，滤料层中的微生物充分对氨氮进行降解，然后汇集至出水槽，流经出水管，通过出水阀门，排至下游工艺段。

4）设备运行 7 天左右后，附着在滤料表面的微生物部分已经老化，需要让其脱落然后排出设备，此时关闭曝气阀门，打开气反冲阀门，使压缩空气通过气反冲系统进入到配水配气室底部，然后通过滤头滤板系统均匀地进入到滤料层，用较大强度的压缩空气冲刷塑料滤料表面老化的生物膜，使其脱落，然后随水流进入出水槽，排至下游工艺段。定时进行强度较大的气反冲，使老化的生物膜脱落，加快生物膜的更新，这样避免了悬浮滤料生物池生物膜的更新能力较差的缺点，同时由于塑料滤料较轻，避免了颗粒滤料生物滤池中比重大的惰性滤料需要高能耗的缺点。定时气反冲时，底部的积泥也会随着出水全部带出设备，避免了悬浮滤料生物池底部容易积泥，需要定时清洗的缺点。

5）设备维护时，打开放空管阀门，放空设备内的水可以对设备进行维护。

3.6 运行控制

BAF 系统工艺运行采用一套独立的智能优化控制系统，本系统涵盖了以模型运算为基础的曝气控制系统及所属控制设备，包括调节型电动蝶阀、气体流量计、电磁流量计、在线溶解氧仪表等，共同协作完成对于整个 BAF 系统进行全自动运行控制。

智能优化控制系统根据 BAF 系统处理工艺、水质水量条件以及出水标准等实际工况所定制的模型，同时参考必要的化验室、历史记录等数据库资料，为工艺运行提供关键运行参数，通过控制鼓风机系统与各个电动阀门等设备，实现不同工况条件下溶解氧 DO 控制要求、配水配气要求和反冲洗操作，最终满足 BAF 系统生物膜良性生长、出水氨氮稳定达标和节能减排等功能。

（1）水量分配计算与控制

智能优化控制系统根据每组 BAF 系统进水流量计、电动蝶阀的开启度以及水质数据，自动完成各组生物滤池的水量分配，保证整套 BAF 系统能够以较高的效率进行工作，并同时确保处于非工作状态下的 BAF 系统依旧保证一定的活性，具备随时被再启用的条件。

（2）溶解氧设定值计算与控制

智能优化控制系统利用国际水协（IWA）推荐的数学模型，结合每个生物滤池分配水量负荷、氨氮浓度、最低进气量和最低生物膜生长所需溶氧浓度，实时计算不同工况下每个生物滤池最佳的溶氧设定值，并通过智能优化控制系统气量计算和鼓风机阀门执行系统实现动态目标溶氧值。

（3）鼓风机总风量计算与控制

智能优化控制系统需要实时监测鼓风机系统的运行状态，并且根据每组生物滤池运行目标溶解氧计算总风量设定值，发送至鼓风机控制系统，使其完成风量追踪。如果运行中有反冲洗工况，则依旧对于鼓风机系统有实时的控制。鼓风机系统耗电量较大，采用变频器控制螺杆风机的实际运行时间和频率，达到节能的目的。

（4）气量的计算与控制

BAF 系统需要对每组正常运行的滤池进行溶解氧的实时控制，方法是通过安装在曝气支管前端的空气流量计与电动阀门在总风量追踪的前提下，进行溶解氧的追踪调节。同时需要根据中心湖氨氮的监测数据，提前做出必要的气量调整，保证整个 BAF 系统运行的稳定。在稳定控制的前提下，应当利用模型计算等条件，尽可能降低各个电动调节阀的动作频率，延长设备寿命。

（5）气反冲洗控制

智能优化控制系统对于整个 BAF 系统进行气体反冲洗的功能，要求同一时间只允许单组滤池进行反冲洗，控制系统通过调节鼓风机总风量与气量阀门使得在其他滤池依旧保持进水的条件下，对于指定生物滤池进行反冲洗操作，如果有两个或更多滤池同时满足反冲洗条件，则需根据时间顺序等候指令。气反冲洗条件主要根据控制系统内设置的反冲洗间隔时间来控制，同时需要在控制系统操作界面上能够具备手动反冲洗的功能。

4 主要研究创新点及推广应用

4.1 主要创新点

上海迪士尼综合水处理厂氨氮降解技术研究主要是针对目前常用的悬浮滤料生物接触池、普通曝气生物滤池的缺点创新设计，主要创新点如下。

(1)进水采用完全混合式模式，与滤料层的混合性好，避免了悬浮滤料生物池推流式混合的缺点。

(2)采用了比重较轻、比表面积较大的塑料滤料，减少了水头损失，降低了运行能耗。

(3)取消了传统的水反冲洗系统，简化了操作程序，省掉了反冲洗水处理系统。

(4)定时进行强度较大的气反冲，使老化的生物膜容易脱落，加快生物膜的更新，避免了悬浮滤料生物池中生物膜的更新能力较差的缺点；同时底部的积泥随着出水全部带出设备，避免了悬浮滤料生物池底部容易积泥，需要定时清洗的缺点。

4.2 推广应用

上海迪士尼综合水处理厂氨氮降解技术应用在"上海国际旅游度假区核心区湖水环境维护及公共绿化灌溉水系统工程"的综合水处理厂，取得了良好的运行效果。综合水处理厂设计能力 2.4 万 m^3/d，设计采用 8 套该设备，并列运行，每套的处理能力为 3 000 m^3/d。

4.2.1 直接经济效益

上海迪士尼综合水处理厂氨氮降解工艺采用了改进型曝气生物滤池，相对于普通生物滤池直接、间接经济效益分析计算如下。

综合水处理厂设计规模为 2.4 万 m^3/d，主要功能是对迪士尼中心湖水质进行维护，氨氮降解工艺设计规模也为 2.4 万 m^3/d，采用 8 套设备并联运行。如果采用普通曝气生物滤池则需要设置水反冲洗系统和排泥系统，增加 3 台离心泵（变频控制），2 用 1 备，参数 Q=265 m^3/h，H=13.59 m，N=30 kW；增加 DN350 电动蝶阀 8 套及配套管路。直接费用和间接费用计算见表 4-1。

表 4-1 直接费用计算表

序号	名称	数量	单位	单价/万元	合计/万元	备注
1	离心泵	3	套	26.4	79.2	采用不锈钢材质
2	变频控制柜	3	套	3.6	10.8	
3	DN350 电动蝶阀	8	套	2.4	19.2	
4	配套管道及其他	1	套	12	12	相关材质均为不锈钢
5	合计				121.2	

从表 4-1 中可以看出，采用改进型曝气生物滤池可节约直接投资费用约 121.2 万元人民币。

4.2.2 间接经济效益

间接费用主要包括水反冲洗离心泵（单台功率 30 kW）的运行电费、水反冲系统和排泥系统维护检修费，维护检修费按直接费用的 0.5% 计取。普通曝气生物滤池每套设备运行 24 小时需水反冲洗一次，历时 15 min，工业用电按 1.2 元/（kW·h）计算，则每年离心泵的运行费用计算如下：

$E_1 = 365 \times 15 \div 60 \times 1.2 \times 30 \times 2 \times 8 = 52\ 560$ 元人民币 $= 5.256$ 万元人民币

水反冲系统与排泥系统每年维护检修费用计算如下：

$E_2 = 112.2 \times 0.005 = 0.56$ 万元人民币

间接费用合计：E_1+E_2=5.256+0.56=5.816 万元人民币

综上所述，上海迪士尼综合水处理厂采用了改进型曝气生物滤池，直接费用节约了 121.2 万元人民币，间接费用每年可节约 5.816 万元人民币。

4.2.3 社会效益

上海迪士尼综合水处理厂氨氮降解技术—改进型曝气生物滤池，主要应用在微污染水源氨氮降解领域，针对目前常用悬浮滤料生物池、普通曝气生物滤池的缺点进行创新改造设计，取消了常规工艺水反冲系统，减少了运行操作程序，在保证安全生产、改善劳动条件方面可以取得良好的社会效益；该关键技术不需排泥，可以减少二次污染，同时采用比表面积大的塑料滤料，节约运行能耗，有利于生态文明建设和促进社会发展。

参考文献

[1] 洪觉民．现代化净水厂技术手册．北京：中国建筑工业出版社，2013．

[2] 上海市政工程设计研究院．给水排水设计手册 第 3 册：城镇给水（第二版）．北京 ：中国建筑工业出版社，2004．

[3] 郑俊，等．曝气生物滤池污水处理新技术及工程实例．北京：化学工业出版社，2002．

[4] 中国工程建设协会．曝气生物滤池工程技术规程．北京：中国计划出版社，2010．

[5] 国家环境保护总局，国家质量监督检验检疫总局．地表水环境质量标准：（GB 3838—2002）[S]．北京：中国标准出版社，2002．

附录：图集

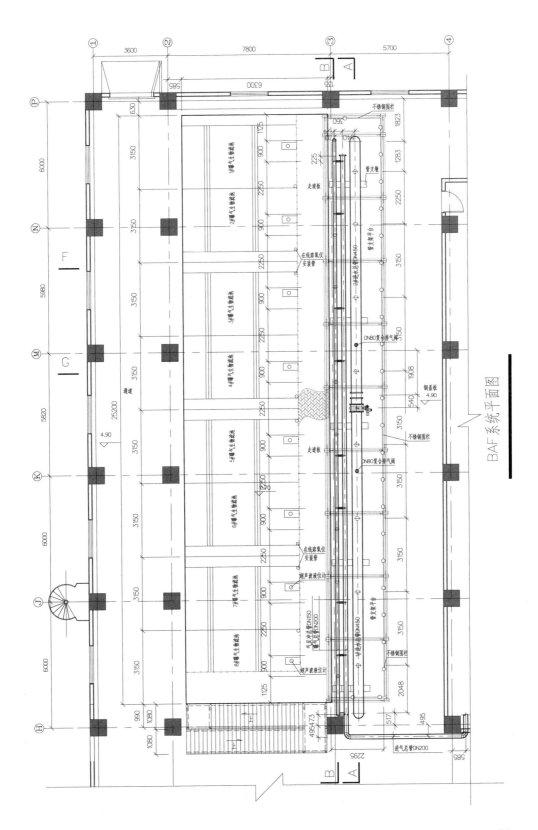

BAF系统平面图

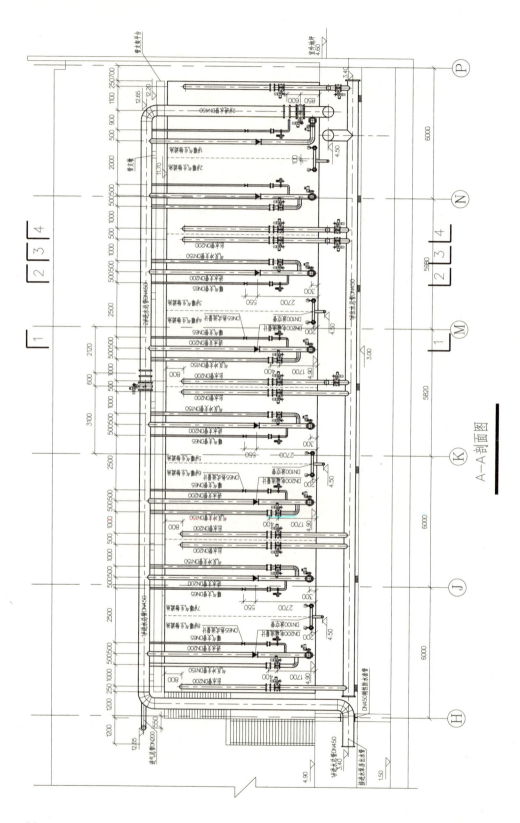

A—A剖面图

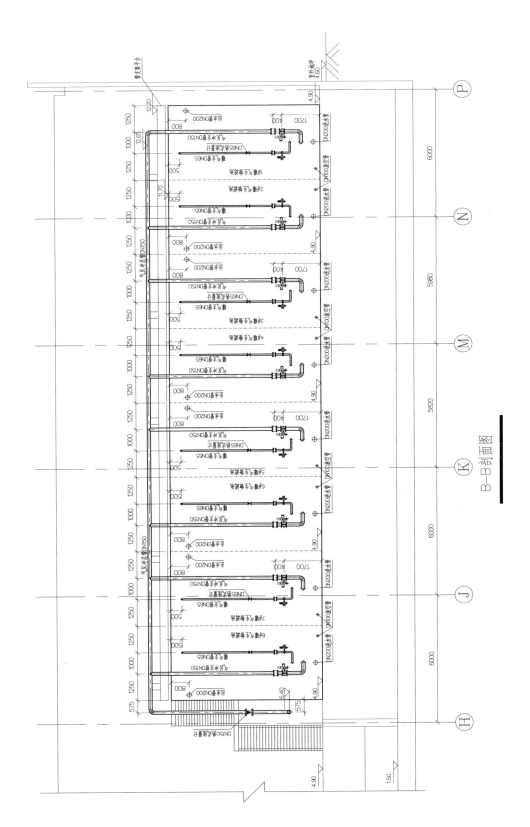

B—B剖面图

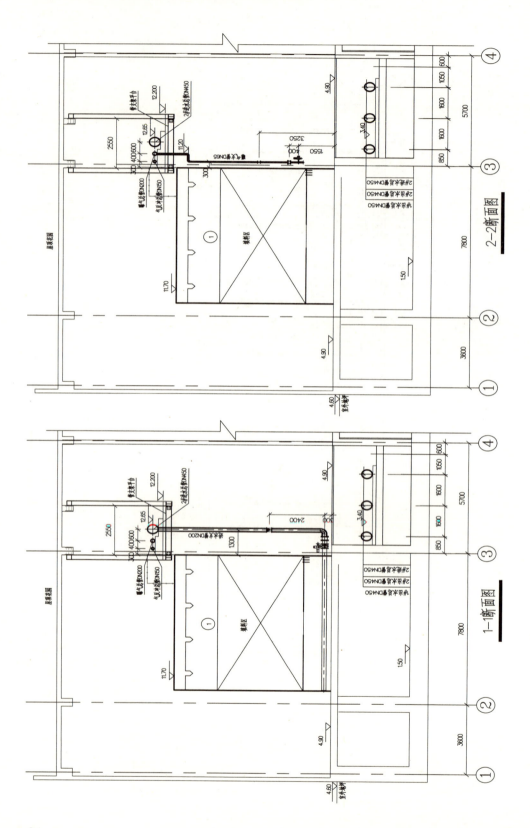

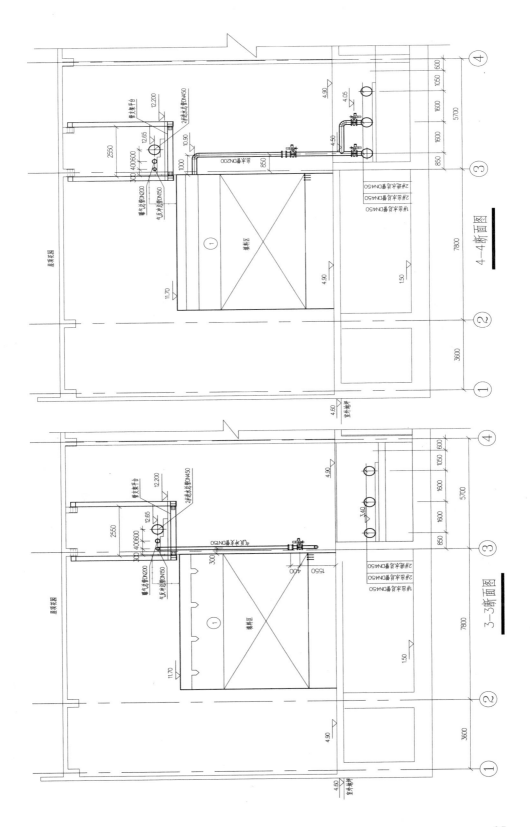